BÄUME, ZAUBER UND MYTHOS

BÄUME

ZAUBER UND MYTHOS

Text Wolfgang Schätzle
Fotos Hella Pflanzer

Pinguin-Verlag, Innsbruck

Inhalt

Die Buche

Sie war und sie ist. Hoheitlich, stets, gebietend.
Heiter, froh, befreit, so schien es, wenn im Frühjahr helles Grün aus den Blatthüllen brach. Drohend, bedrohlich die in die Böen eines Gewittersturmes federnd peitschenden Äste. Kraftstrotzend im gelben Licht des mittleren Herbstes. Erhaben und mahnend in der Ruhe des wintererstarrten Geästs.
Niemand hat je gewagt, in Unbedachtheit erstickenden Herzeleids diese silbriggraue Rinde zu ritzen. Gravitätisch wies der unverrückbare Riese Generationen kindlicher Herausforderung ab, in den Ästen ein Baumhaus zu verankern.
Die Bauern nennen sie von alters her nur „Die Buche". Kein anmaßend schmückendes Beiwort ist in den Annalen zu finden. Über ihr Alter wird nicht gemutmaßt. „Viele hundert Jahre" ist alleingültige Bestimmung.
Und selbst dem Zugriff durch Besitz ist dieser Baum entwunden. Er begrenzt die Gemarkung, verwurzelt in einem Stück ureigener Flur. Gewachsenes Niemandsland. Unangetastet. Unantastbar. Stets eine Schattenlänge der Habgier des Menschen entrückt.
Wen mag nicht alles in Jahrhunderten die Versuchung umgetrieben haben, sich mit der Axt an diesem Stamm zu messen; die Buche zu fällen, sie zu nutzen, zu gebrauchen. Bis sie sich schließlich zur Autorität erhoben hatte, selbst Maß gab. Für Raum in der Zeit. Für Beharren im Wandel.
Dünnhäutige graue Riesen: Vom Blätterdach nicht behütete, sich oft viel klafterlang über der Erde reckende Wurzeln können im bloßen Sonnenlicht Schaden nehmen. Hagelschläge ein ganzes Leben den Körper zeichnen.
Schrunden als Spuren der Fährnisse aus den Zeitläuften aber werden bald zu geschlossenen Lippen, zu knotigen Nasen, hochgezogenen Augenbrauen.
Vom Schwarz frisch gebrochenen Schiefers der Leib in einer Regennacht, patinagrün im ersten Büchsenlicht, mattsilbern wie gegossenes Blei in der steigenden Sonne, falb in den Strahlen eines späten Nachmittags.
Hart wie milde, abweisend und Vertrauen erweckend ist das Antlitz einer vom Alter geadelten Buche, nie häßlich, selten anmutig. Es ist ihr anzusehen, sie zeigt es, daß jeder, der sie unterwerfen wollte – sie töten müßte.
Bis zu 600 000 Blätter gebiert eine erwachsene Buche jedes Jahr aufs neue. Fortpflanzungsfähig wird sie nach vierzig, manchmal erst nach achtzig Menschenjahren.
Sie kehrte als letzte der großen Laubbäume nach der Eiszeit zurück, faßte im frühen Bronzezeitalter bei uns Fuß, verbreitete sich – im Osten begrenzt durch eine Linie Königsberg bis zur Krim – zum Stammbaum des kühl-gemäßigten Europa.
Im nordischen Kult war die Buche der Freyja geweiht. Der Germanen Göttin für Schönheit und Liebe. Der römische Tacitus beschrieb, wie Priester im rauhen Norden einen Buchenstab brachen, Runen in das Holz kerbten und aus der Stellung der auf ein Tuch geworfenen Stäbe zueinander ein Orakel gedeutet wurde.
Bukowina, Buchenland, tauften die Siedler im 14. Jahrhundert ihre urwüchsige Heimat an der Nordostabdachung der Karpaten. Menschen haben dort Menschen vertrieben – und Menschen unzählige Buchen.
Wie hatte die Benediktinerin Hildegard von Bingen (1098–1179) gemahnt: Der Sündenfall läßt alles Grün verdorren und verwelken. Aber sie läßt auch hoffen: Das Grün entstammt den Elementen, es lebt in der Flamme, schillert in den Gewässern, feuchtet im Stein, weht in der Luft; Grün ist gezeugtes Licht, das dem ewigen Leben und seiner feurigen Kraft entstammt . . .
Denn die Ewigkeit ist Grün und ist die Keimzelle für alle Lebenskräfte der Welt.

Kreisen

Wieder ein Jahr als Ring
in den Baum gewachsen
der stillsteht und
ahnungslos kreist
mit der Erde

Auch die Geschöpfe
merken nicht daß sie kreisen
und Jahre sie einkreisen
atemstark
wie den Baum

Rose Ausländer

Bäume der Berge

Ledergamaschen bis zum Knie, ein wallender Umhang, breitkrempiger Hut, den übermannshohen Stock in der Rechten, ein Hämmerchen am Gürtel. Ein wenig merkwürdig erschienen die Gestalten den Bergbauern schon. Großzügig mit

dem knappen Geld, wortkarger als sie selbst. Alle paar Jahre kamen sie aus Cremona, durchstreiften unermüdlich die Wälder der südlichen Alpen. Sie hatten Namen wie Stradivari oder Amati.
Die Bergfichten hatten es ihnen angetan. Wochenlang klopften sie Stämme ab, hörten in die Bäume hinein. Bis sie schließlich „ihren" Baum erkoren, der das Klangholz liefern sollte für bis heute geheimnisvoll unerreichte Tonfülle und -farbe von Geigen, Bratschen und Violoncelli.
Im klassischen Griechenland war die Fichte dem Meeresgott Poseidon geweiht. Die Schiffsbesatzungen versprachen sich davon den Schutz des mächtigen Gebieters über Sturm und Wellen. Fichtenholz nämlich war das bevorzugte Material für die Masten der mächtigsten Segler.
Und noch bis in unsere Tage soll ja der Klabautermann in den Rahen von Segelschiffen spuken. Der Kobold, eigentlich eine echte Landratte, der als Baumgeist in besonders wohlgewachsenen Fichten wohnt, zieht mit um ins nasse Element, treibt mit den Matrosen seinen Schabernack, klopft mit seinem Kalfaterhammer nachts die Bordwand nach Schwachstellen ab. Jeder Seemann weiß, daß höchste Gefahr droht, hat sich der Klabautermann von Bord gestohlen.
Es gibt gute Gründe anzunehmen, daß auch das Heiligtum der Sachsen in vorchristlicher Zeit, die Irminsäule, aus dem Stamm der höchsten unserer Bäume in Mitteleuropa, einer Fichte, gehauen war. Die erhabenen Säulen, um die sich Priester und Volk zu Kulthandlungen scharten, sollten den Himmel stützen.
Aber natürlich mußte von so einem sichtlich bedeutenden Baum auch Kraft ausgehen. Im Mittelalter blühte der Handel mit Mixturen aus Rinde, Harz und Nadeln der Fichte, konnten mit dem Rauch ihrer brennenden Äste böse Geister vertrieben und Krankheiten bekämpft werden.
Ein Gichtgeplagter etwa mußte vor Tagesanbruch eine junge Fichte anritzen, drei Tropfen seines Blutes in der Wunde versenken, diese mit Wachs und Honig verschließen und laut rufen: „Guten Morgen, Frau Fichte, da bring' ich die Gichte."
Für die Abwehr von Leid, Linderung menschlicher Gebrechen steht auch die Lärche. Sie ist Sitz und Treffpunkt der Bergfeen. Diese zierlichen Geschöpfe zupfen schon mal im Nebel einen verirrten Wanderer am Ärmel und führen ihn auf den rechten Pfad zurück.
Wurde diesen Saligen (Seligen) an einem uneinsehbaren Ort Speis und Trank überlassen, so konnte es geschehen, daß über Nacht der Flachs in der Tenne auf wundersame Weise gebrochen und gehechelt war.

Und alte Hebammen beschwören, daß in abgelegenen Hochtälern bei schweren Geburten aus dem Nichts ein Weiblein auftauchte, in weißem Kleid, mit glänzendem Gesicht, ums Kindbett herum zur Hand ging.

Wer sich mit den Saligen gut stand, der konnte einen neuen Lodenumhang im Hausflur, einen frischen Schinken in der Räucherkammer oder auch einen Batzen Geld in einer Schublade finden.

Um die guten Geister in der Nähe zu halten, sind Lärchen früher als Hausbäume in gemessenem Abstand vor den Bergbauernhöfen gepflanzt worden. Wohlbehütet war, wer das Hausdach mit Schindeln aus Lärchenholz decken konnte.

Wer an der Natur Frevel treibt, der hat allerdings die Gunst der Feen verwirkt. Sie wenden sich auf Nimmerwiedersehen ab. Schon wer Gemsen tötet, die engsten Freunde der Berggeister, kann ein zürnendes Schicksal heraufbeschwören.

Wo Schneisen in Bergwälder geschlagen werden, Quellen, die Badeplätze der Nymphen, verrohrt und sanfte Matten, die Tanzböden der Elfen, geschleift werden, dort dräut das Verhängnis: Lawinen und Muren, Flut und Fels brechen in Täler, über Dörfer nieder, verelenden eine ganze Alpenregion.

Es verlöschen die lichten Haine der fünfnadeligen Zirbelkiefer, der Lärchen Geschwister. Niemand wird mehr einen Bergahorn finden, um aus seinem Holz eine Blockflöte zu schnitzen. Wer weiß bei einem Glas Rezina den Weg zurück zu den Bacchanten, die dem Menschen die Kunst vermittelten, Wein mit dem Harz der Kiefer haltbar zu machen.

Die alten Griechen bekränzten die Sieger bei den Isthmischen Wettkämpfen mit den Zweigen der Kiefer. Aus ihr gewonnenes Terpentinöl war den Ägyptern heilig, sie tränkten damit die Kokons für die Mumien. Die Indianer des nördlichen Amerika schätzten die Spannkraft verleihende Wirkung der nach Mandeln schmeckenden Samen. Und Schweden-König Karl XII. rettete, so heißt es, im Jahre 1709 bei einem Feldzug gegen die Russen sein darbendes, skorbutsieches Heer mit dem Befehl, frische Kieferntriebe zu verzehren.

Vergessen die Geschichten der Alten, die rotgoldflackernde Flamme des Kienspans, süßstickender Rauch, zerstoben die krustige Asche. Vorbei.

... so wenig wie vom Baum weißt du vom
Menschen, wenn du ihn in seiner Dauer
ausbreitest und ihn nach seinen Unterschieden
einteilst. Mitnichten ist der Baum zuerst
Same, dann Sproß, dann biegsamer Stamm,
dann dürres Holz. Man darf ihn nicht zerlegen,
wenn man ihn kennenlernen will.
Der Baum ist jene Macht, die sich langsam
dem Himmel vermählt.
Du glaubst, in der Freiheit der Bäume,
der Wiesen und Herden, in der Begeisterung,
die die Einsamkeit der großen Räume erweckt,
in der Inbrunst zügelloser Liebe werdest du
aufrecht emporwachsen wie ein Baum.
Aber die Bäume, die ich am aufrechtesten
wachsen sah, sind nicht solche, die in der Frei-
heit gedeihen. Denn diese haben keine Eile,
größer zu werden, sie trödeln bei ihrem
Aufstieg und steigen nur in Windungen hoch.
Während der Baum des Urwaldes, von den
Feinden bedrängt, die ihm seinen Platz an der
Sonne rauben, mit der Dringlichkeit
eines Anrufs in senkrechtem Schwunge
den Himmel erstürmt.

Antoine de Saint-Exupéry

Flußwald und Niederung

An ihren Wurzeln nagt ein Drache, im Gezweig leben vier Hirsche, im Wipfel horstet ein Adler, der einen Habicht zwischen den Augen trägt. Am Fuße ihres Stammes halten Götter und Nornen Gericht. Sie reicht vom Himmel bis in die Unterwelt, ihre Äste breitet sie über alle Lande: Yggdrasil, die Weltesche. Aus ihrem Holz haben die Götter Odin, Hönir und Lodur die ersten Menschen geschaffen, Ask und Embla, wie wir aus den Mythen des Nordens wissen.

Und das Ende der Zeiten wird gekommen sein, wenn Yggdrasil erzittert, entflammt, sich in einem Feuerrausch verzehrt.

Die Esche, die zur Familie der Ölbäume gehört, ist ein anspruchsvolles Gewächs. Sie liebt feuchtgesättigte Auenlandschaften, Ufer von in Mäandern träumenden Bachläufen, nahrhaften Grund.

In allen blühenden Kulturen des Mittelmeerraumes genoß die Esche besondere Wertschätzung. Als „melia“ der Griechen wegen ihrer giftwidrigen Wirkung. Als „fraxinus“ der Römer wurde die Esche in Plantagen gehegt. Araber trugen die Kunde von der wundheilenden Gabe des eingedickten Saftes schon im 9. Jahrhundert nach Sizilien. Im Vorderen Orient dürfte auch die Bezeichnung Manna-Baum für die Esche ihre Wurzeln haben (mann = arabisch „Geschenk“).

Hell, glänzend – so der indogermanische Wortsinn – leuchtet auch die frühlingszaubernde Birke in Kult und Brauchtum durch die Jahrhunderte, Germanen und Slawen gleich. Verkörperung lebenweckender Kraft, Zeuge der Fruchtbarkeit.

Die Urmutter Erde, in Gestalt einer Birke verehrt, vereinigte sich mit dem Himmel, um die winterentblätterte Natur aus todesnaher Winterstarre zu neuem, blühendem Leben zu erwekken.

Aus dieser Vorstellung geborene Fruchtbarkeits-Riten heidnischer Maienzeit erstarben unter der Verteufelung aus christlicher Mission. Die Frühlingsfeste der Germanen wurden zu wüsten Walpurgisnächten, in denen Hexen auf Reiserbesen durch die Lüfte ritten,

sich in wilder Gier mit bocksbeinigem Höllengezücht paarten.
So ganz bannen ließ sich jedoch das wohl tief in der menschlichen Seele wehende Sehnen nicht – nach Einklang mit der umgebenden Natur, nach Erneuerung, Neubeginn mit dem Sprießen der Blätter, dem Entfalten der Knospen. – Bis in unsere Tage.
Schon die Kirchenväter mußten dem einsichtig werden. Das katholische Fronleichnamsfest, Altäre bekränzt von jungen Birken, die Prozession unter freiem Himmel, ist christianisiertes Kultgut aus grauer Vorzeit.
Noch im Rußland des Zaren wurden zu Pfingsten wohlgewachsene Birken mit Frauenkleidern geschmückt. Vertraut nicht noch heute die Bauersfrau ein wenig auf den Schutz vor Blitz und Hagel durch ein geweihtes Birkenreis? Verspricht sich der Skandinavier Kräftigung durch das Schlagen seines Körpers mit der Lebensrute, dem Birkenzweig, nach dem Bade.
Wenn auch das Wissen um die Ursprünge solchen Tuns auszuzehren droht, das Ahnen um die Symbolgehalte ruht wie ein verkapselter Same im Menschen.
– Bis zur Wiedererweckung: die Haselnuß als der Baum der Kinder, die Birke als Verkörperung der Jugend und die Erle als Symbol für das Alter, vertraut mit dem Geheimnis des Todes, mit dem Walten der Gottheiten in der Unterwelt – wie die Pappel, die nach griechischer Vorstellung auch im Reich der Schatten wächst.
Silbrig schimmernd wurden die Blätter der Weißpappel durch den Schweiß des Herakles, der sich auf seinem mühebeladenen Aufstieg aus den Abgründen des Tartaros mit Pappelzweigen bedeckte.
Schwarzpappeln sind nach Ovids „Metamorphosen" verwunschene Heliaden, die Töchter des Sonnengottes. Sie betrauern ihren durch göttliches Strafgericht in den Fluß Eridanos gestürzten Bruder Phaethon. Die Tränen der Heliaden, das Harz der Schwarzpappel, werden zu Bernstein, von den Wogen der Ägäis an die Gestade der Elektriden-Inseln gespült (Elektron = griechisch „Bernstein").
Pappeln als Wegbegleiter vom Leben in den Tod. Napoleon ließ an seine Heerstraßen Pyramidenpappeln pflanzen. Sie säumen Grabmale und Denkmäler, weisen als gemahnende Zeiger in den Himmel.
„Verwachsene Weiber, gebeugt, mit zottigem Kopf, zerlumpt sind ihre Röcke, die Läuse nisten im Zopf . . .", reimte der Lyriker Günter Eich ein wenig abfällig über die Weiden, wo sie doch den Menschen seit Jahrtausenden dienstbar sind.
Lastkähne aus einem Weidenskelett, mit Leder bespannt, treidelten zu Zeiten des assyrischen Großreiches im Euphrat. An diesen Wassern saßen auch die Juden und beweinten das Schicksal ihrer babylonischen Gefangenschaft. „An die Weiden", klagten sie, „hängten wir unsere Harfen".
Körbe, Truhen, Fischreusen, Werkstoff für die erste Maienflöte. Käfige für die Prangerstrafe und zur Vollstreckung des Urteils zum Tod durch Ertrinken. Und gestandene Ballonfahrer unserer Zeit legen Wert darauf, in einem aus Weiden geflochtenen Korb durch die Lüfte zu kutschieren.
Unmißverständliche Ablehnung zeigte eine Angebetete, wenn sie dem Freier einen Korb gab, verrottet, ohne Boden.
Unerschöpflich gibt sich die Lebenskraft der Weide. Ein Zweig – nur in die Erde gesteckt – schlägt aus, treibt zu einem Baum.
Für die Heilkundigen war die salicylsäurehaltige Rinde der Weide bis an die Schwelle dieses Jahrhunderts ein gefragtes Pharmakon zur Senkung von Fieber. Gerühmt wurde auch der wundheilende Sud aus den Blättern.
Der verfilzte Wurzelstock, der Stamm – oft tief gehöhlt, ein kropfiger Hals und die borstig aus dem beschnittenen Kopf gespreizten Ruten mußten den Altvorderen Trugbilder vorgaukeln. Von Hexen, deren Brut in mondhellen Nächten als vielbeinige Katzen fauchend ihre Krallen an der furchigen Rinde schärfte, der Haut von in Holz gebannten Dämonen.

Im Winter ist meine Geliebte
ein Baum unter Bäumen und lädt
die glückverlassenen Krähen
ein in ihr schönes Geäst. Sie weiß,
daß der Wind, wenn es dämmert,
ihr starres, mit Reif besetztes
Abendkleid hebt und mich heimjagt.

Ingeborg Bachmann

Der Wacholder

Spinnwebvernetzt, zaus, bläulich schwarz, immergrün, einzeln stocksteif, in Gruppen gespreizt, harrt der Machandelbaum, der Kranawit, der Wacholder im Heideland.
Ein zäher, undurchschaubarer Geselle mit übermächtigen Kräften. Der Rauch seiner schwelenden Äste verwehte Pesthauch und Cholera. Schnaps aus seinen Beeren brachte Sterbende zurück ins Leben.
Pfarrer Kneipp empfahl den Saft aus den Zweigspitzen gegen Blasenleiden. Und eine Mixtur aus den Krametsbeeren (Kram = altfriesisch „Wochenbett“) galt bei den weisen Frauen des Nordens als sicheres Mittel zur Abtreibung der Kindsfrucht.

Noch zu Großvaters Zeiten wußte man von Baden bis Böhmen, daß es nicht schaden konnte, zur Ernte einen Wacholderbüschel in die erste Korngarbe zu binden, des Bilwis' wegen. Nur so konnte dieser nichtsnutzige Dämon mit Sicheln an den Füßen davon abgehalten werden, nachts Steige in die Getreidefelder zu schneiden.
Wollten Kinder nicht recht gedeihen, empfahl es sich, einem Machandel Wolle und Brot zu Füßen zu legen mit dem Spruch: „Ihr Hollen und Hollinnen, hier bring ich Euch was zu spinnen und zu essen. Ihr sollt spinnen und essen und meines Kindes vergessen.“
Und Volksweisheit im Hessischen ist, daß Frau Wacholder einen Dieb zwingen kann, das Gestohlene zurückzugeben. Es gilt, einen Wacholderzweig mit der linken Hand auf die Erde zu biegen und mit einem Stein zu beschweren. Die Beschwernis geht auf den Schurken über, so lange, bis die Habe wieder am rechten Platz ist.
„Eßt Kranabeer und Bibernell, dann sterbt ihr nicht so schnell“ (Pimpinellawurzel als Pestheilmittel), hieß es früher in Niederösterreich. Und im Alemannischen wußten die Alten: „Vor dem Holunder soll man den Hut ziehen, vor dem Reckolder (reckalter = althochdeutsch ‚sich überall hin strecken‘) aber muß man das Knie beugen!“

Ums Haus

Obstbäume, die in östlichen Gebieten wachsen, haben einen guten Ertrag, die Früchte aber sind nicht dauerhaft; von westlichen Wassern getränkte sind nur unschädlich, wenn sie nicht mit der Erdfeuchte in Berührung kommen, also nur diejenigen, welche in der Höhe von der Luft angerührt worden sind. Mühsam gedeihen die Obstkulturen, die mit den Wassern des Nordens gespeist werden. Wohlgefällig seien, von Wärme durchdrungen, die Früchte des Südens, befand aus der Sicht ihrer rheinischen Heimat die Äbtissin Hildegard von Bingen im 12. Jahrhundert.

Obst, althochdeutsch „Obaz“ = Zukost, wurde schon im frühen Mittelalter auch in unseren Breiten in Klostergärten und an Fürstenhöfen veredelt und vielfältig verarbeitet, vermostet, gekocht, gebraten, getrocknet und zu Arznei aufbereitet.

So sollten Blätter der Birne gegen Nasenbluten oder Kopfweh helfen. Bei Wurmkrankheiten – in den Vorstellungen der Alten waren dies auch die Schwindsucht, Hautgeschwüre und Zahnschmerzen – empfahl sich das Besprechen: „Birnbaum, ich klage dir, drei Würmer, die stechen mir. Der eine ist grau, der andere blau, der dritte ist rot; ich wünschte, sie wären alle drei tot.“

Auch als Liebesorakel war die Birne gefragt. Um Mitternacht schlich das Mädchen zum alten Birnbaum am Haus und warf die Holzschuhe hoch hinauf in die Krone. Blieb ein Schuh im Geäst hängen, so wurde die Holde übers Jahr gefreit.

Ist der Birne eher ein männliches Element zugeordnet worden, ist der Apfel im Kultgut Skandinaviens wie in Nordafrika, im Orient und Okzident Symbol des Weiblichen, Sinnbild der Vollkommenheit, der Liebe und Fruchtbarkeit.

Die Göttin Iduna schenkte den Asen goldene Äpfel und damit ewige Jugend. Die Äpfel der Hesperiden verliehen Unsterblichkeit. Geweiht der Aphrodite der Griechen und der Venus der Römer wurde er als kreuzbewehrter Reichsapfel Insignium der Kaiser, Zeichen weltlichen Herrschaftsanspruches von Gottes Gnaden.

Dem weiblich-sinnlichen Bezug der wohlgeformten Frucht in heidnischer Vorstellung, verankert im matriarchalen Kultus der Urreligionen, setzten christliche Mystiker eine Symbolik von der Vergänglichkeit des Lebens entgegen. Einen Apfel vom Baum der Erkenntnis zu essen, wird zum Sündenfall.

Als Ausdruck von Wertschätzung im Spiel der Minne, im Hochzeitsbrauchtum, bei weltlichen und kirchlichen Festen mochte man durch die Jahrhunderte auf die mit dem Zauber der Liebe verknüpfte Frucht nicht verzichten.

So sollen im Schwabenland Mädchen darauf schwören, daß der Zukünftige im Traum erscheint, wenn sie am Andreastag (30. November) eine Apfelhälfte vor, die andere nach Mitternacht essen. Allerdings muß der Zauberapfel in dunkler Nacht, bei einer Witwe, ohne Dank zu sagen, geholt werden. Und die Jungfer sollte tunlichst einen großen Bogen um Kirschbäume schlagen. Dort treiben sich nämlich die Seelen von Verstorbenen herum, als Geister in bleichen, wehend nebligen Fetzen, mißgünstig auf jedes lebendige junge Glück.

Schiefherzförmige Blätter, gelbliche Blüten in Trugdolden mit bleichgrünem, dünnem, zungenförmigem Hochblatt, das mit der Blütenstandachse zur Hälfte verwachsen ist und als Flugmittel für die Lindennüßchen dient. Vierzig Meter hoch kann sie werden und gut tausend Jahre alt.

Am Brunnen vor dem Tore und vor dem Vaterhaus wird sie besungen, Walther von der Vogelweide bettete sich in ihrem Schatten. Unter ihren Fittichen Gericht gehalten, brachte die Wahrheit ans Licht.

Die Linde, Baum der Liebenden, lignum sanctum, heiliges, geheiligtes Holz für Tilman Riemenschneider und Veit Stoß, die daraus begnadete Meisterwerke schufen.

Das Althochdeutsche „lindi“ mag seine Wurzel im Lateinischen „lentus“ (zäh, biegsam) haben; im Altsächsischen stand „lithi“ für mild und freundlich und findet sich noch heute im Englischen „lithe“ = geschmeidig.

Dies würde auch den Lindwurm der Siegfried-Sage beschreiben. Fafnir – prankenzuckend, schweifpeitschend, hervorschnellend.

Das Blatt einer Linde war es schließlich, das die Unverwundbarkeit des siegreichen Recken entkräftete, dem Drachentöter die Unsterblichkeit der Götter verwehrte.

Dem Menschen angemessene Wohltaten zu gewähren, war die Linde gut. Aus ihrem Bast drehten die Seiler Taue; Modelschnitzer, Orgelbauer und Drechsler waren Kunden der Linde, gefragt der Tee aus ihren Blüten.

Und wer die Schwächen des Alters zu lindern sucht, sollte es sich unter einer Linde gütlich tun. Denn dort ist auch „des paumes schat, den menschen zilaicher (behaglicher) wan anderr paum schat“, schrieb schon im 14. Jahrhundert Konrad von Megenberg.

„Die Türken nenns Roßcastannien, darumb das sie den keichenden Rossen sehr behulfflich sindt“, brachte P. A. Mattioli 1563 in Prag zu Papier.

Wenn auch als Arznei gegen Kurzatmigkeit bei Pferden fehlgedeutet, aus dem Türkenlande stammt der prächtige Baum mit seinen kräftigen, gerippten Blattfingern, den über und über aufgezogenen Blütenlüstern, den naturlackierten samtbraunen Früchten, die aus igeligen Kapseln brechen.

Und einem Siegeszug auf geflügelten Rossen gleich, verbreitete sich die Kastanie von Konstantinopel aus über Europa. 1569 siedelte sie in Italien, 1615 in Frankreich, 1629 in England und schließlich in der Neuen Welt.

Sonnenkönig Ludwig XIV. erkor den Morgenländer zum Favoriten und ließ großzügige Alleen und ausgedehnte Haine pflanzen. Der Türk' eroberte so Burgen und Schlösser, Klöster, Dörfer und Städte.

Kastanien als Sympathiemittel in der Hosentasche vermögen im Volksglauben Ischias und Rheumatismus anzuziehen. Saponine und Glykoside in einem Roßkastanienextrakt bewirken eine Stärkung der Gefäßwände, finden in der Heilkunst unserer Tage Anerkennung.

Tausendsassa Kastanie, mit dem hellen Mondgesicht auf dem Bauch, war Kinderspielzeug und begehrte Kost für Wild und Hausschwein, diente zermahlen als Grundstoff für Tapezierleim und Waschpulver und in Notzeiten auch schon mal als Kaffee-Ersatz. – Und ist bis heute unangefochten begehrtester Schattenspender bei Bier und Wein und Brotzeit.

Sind wir nicht die Brüder aller Bäume?
Sie tragen Zweige, Blätter, Blüten, Frucht;
wir heben auf die Lasten unsrer Träume
und schaun verlangend in des Himmels Räume.

Jan Schepens

Ölbaum

Nur drei Dinge könnte ich nennen, die ich an diesem Lande in gleichem Maße liebe: den Ölbaum, die Granatapfelblüte und die Zikaden. Es hat sich in mir die Überzeugung gefestigt, daß man nur dort wirklich lebt, wo Zikadengeschrill die Mittage füllt und wo Ölbäume stehn. Der Ölbaum ist der Baum aller Bäume, ich liebe ihn. Er hat den Segen, die Stille. Als er sich ausbildete, hat er offenbar überhaupt nicht an sich, nur an den Menschen gedacht. Reine Sorge: Öl gegen den Hunger, Öl für den Körper, die Haut und die Haare, Öl für die Lampe als Licht, Öl als Träger von Duft, der Ölzweig als Friedenszeichen und Siegerpreis. Einen Ölzweig hing der Vater vor die Haustür, wenn ihm ein Sohn geboren war.

Er ist das Altwerdenkönnen. Denn er beginnt erst mit fünfzig, sechzig und siebzig Jahren etwas zu taugen, und in einem Uralter von mehreren hundert Jahren trägt er auch noch. Er soll mehr als tausend Jahre alt werden. Er ist die bildgewordene Geduld und die bildgewordene Zeit. Es ist wie ein Wunder, daß er gerade aus dem allertrockensten kalkigen Boden seinen Saft preßt wie im Schraubendruck einer Kelter; den fetten und tiefgelockerten Boden mag er gar nicht. Wie bescheiden er ist, sieht man an seiner Blüte. Das ist wie bei Getreide und Wein, die sich mit Blütenprunk auch nicht abgeben. Er macht nur ganz zaghafte Perlchen; sie sind hinterm Silbergraugrün der gefiederten Blätter verborgen und duften fast nicht, nur ein bißchen nach Jugend.

Es gibt natürlich ebenso schöne Ölbäume in Italien und in der Provence; aber nur in Griechenland zeigt der Ölbaum sein Durchscheinendes an. Kann man den Platon lesen, ohne den Ölwald silbern schimmern zu sehen, der sich den Kephisos entlang über die Akademia hinzog? Und sein Geflüster zu hören? Für dieselben Bäume am Kolonos sind die wunderbaren Sophokleischen Verse gedichtet.

Denn das ist es doch: die Dichter haben ihn immer geliebt. Das hat sich natürlich auf seine Blätter und Zweige niedergeschlagen wie Tau, der nun abträuft: sichtbar, unsichtbar nur für die Blinden. Dergleichen ist doch wie der Schimmer, den Athene über ihre Lieblinge goß: da überschüttete sie mit Anmut Schulter und Haupt ihm . . .

Erhart Kästner

Unter den Olivenbäumen schüttet Licht die Samen aus,
Mohn erscheint und flackert wieder,
fängt das Öl und brennt es nieder,
und das Licht geht nie mehr aus.

Ingeborg Bachmann

Die Eiche

Eichen. Knorrige Riesen. Beherrscher der Lande im Erdkreis der Alten Welt. „Nicht Sturm, nicht Wetter, nicht Regenguß vermag sie umzustürzen; sie steht unbewegt und besieget an Dauer viele Geschlechter der Enkel und viel hinrollende Zeiten", schrieb Vergil (70 bis 19 v. Chr.) in

seinem Georgicon Liber, den Anweisungen für den Landbau.
Geehrt war die Eiche bei den Hethitern wie den Persern, den Slawen, Germanen und Kelten. Göttervater Zeus flüsterte im Heiligen Hain von Dodona zu den Priesterinnen im Rauschen der Blätter.
Im alten Gallien – so überlieferte uns der Dichter Ausonius – konnte ein Eichhörnchen vom südlichen Toulouse von Ast zu Ast die Normandie erreichen.
Eichen säumten norwegische Schären und die Gestade von Cornwall, überzogen zu Zeiten von König Artus die Inseln in der Irischen See. Sankt Petersburg wie Venedig sind erbaut auf Millionen von aus Eichen gehauenen Pfählen.
Ihre Härte und Standfestigkeit weckte die Begehrlichkeit des Menschen, brachte den Fürsten der Bäume zu Fall. Schon die Phönizier hatten die Vorzüge von Eichenholz für den Schiffbau erkannt. Alle kriegführenden Völker zu Wasser besannen sich darauf, zerschlugen blühende Wälder, hinterließen stumpfblutende Kahlheit, raubten der Erde Halt.
Schon um 500 nach Christus hatte der Burgunder Gundobald durch Gesetz untersagt, fruchttragende Bäume zu schlagen. Doch nichts konnte dem Raubbau Einhalt gebieten. Auch nicht die Androhung barbarischer Strafen. So steht im „Schaumburger alten Landrecht" geschrieben: „Wenn jemand einen fruchtbaren Baum abhauete und den Stamm versteckte in dieblicher Weise, dem soll seine rechte Hand auf den Rücken gebunden, sein Gemächte auf den Stamm genagelt und ihm in die linke Hand eine Axe gegeben werden, sich damit zu lösen."
Noch hatte die Eiche eine Gnadenfrist. Ihre Früchte waren unentbehrlich für die Schweinemast. Die besten Schinken wachsen auf den Eichen, wußte Grimmelshausens „Simplicius Simplicissimus", Zeitgenosse des Dreißigjährigen Krieges. Doch gut hundert Jahre später wurde die Futtereichel durch die Kartoffel ersetzt. Nun ging es den letzten großen Eichenbeständen an die Kronen. Als Brennholz in Salinen, zum Rösten von Erzen und bald auch zu Schwellen behauen, um die Schienen für die Dampfrösser zu tragen, die ins Industriezeitalter fahren sollten.
Der Eiche wurde die Ehre zuteil, zum deutschen Wappenbaum erkoren zu werden.
Friedrich Gottlieb Klopstock war Wegbereiter für die Erhebung nach Walhall. Schon 1813 bekränzte Eichenlaub das Eiserne Kreuz, und Turnvater Jahn hielt für den Sieger im turnerischen Wettstreit einen Eichenzweig bereit.

Bäume

Säulenheilige
Jahrhunderte angewurzelt
ans Denken der Erde

schöpfen Schatten
aus dem Sonnenquell

Jeder Baum erwählt
die Luft zu bereichern
mit seinem Atem

im eingewachsenen Gewicht
ruhend

Aber die Unruhe
der Laublippen
diese Sprachspiele
jenseits
der verhärteten Rinde

Rose Ausländer

Wird Zauber und Mythos, gewachsen in Äonen, eine andere Majestät vor dem Untergang bewahren? Der Tanne wurde der Menschen Nähe zum Verhängnis – und kann doch ihr Überleben sichern.

Zur Weihnacht im deutsch-französischen Krieg von 1870/71 wurden auf allerhöchsten Befehl König Wilhelms I. Abertausende von Tannenbäumen an die Front transportiert. Der Weihnachtsbaum hielt fortan am Heiligen Abend Einzug in jedes Haus.

Der Zauber des Tannenbaums, das Ahnen um seine Mythen – wer kann sich dem verschließen ...

Abbildungen

S. 8–12 Buchen; S. 14 Fichte; S. 17 Fichtenwald; S. 18, 19 Bergahorne; S. 20 Lärchen; S. 21 Zirbelkiefern; S. 22–23 Lärchenwälder im November; S. 24 Fichtenwald; S. 25 Föhrenwald mit jungen Fichten gemischt; S. 26 Föhre; S. 31 Erlenwald mit einer Eiche; S. 32–34 Moorbirken; S. 35 Pappelallee; S. 36 Erlen; S. 37 Eschen; S. 38 gemischter Laubwald am Fluß; S. 39 Weiden; S. 40 Weiden; S. 43–45 Wacholder; S. 49 Apfelbaum Anfang Mai; S. 50 verschiedene Obstbäume; S. 51 vierhundert Jahre alte Linde; S. 52 Apfelbaum Anfang Mai; S. 53 Roßkastanie; S. 54 Kirschbaum im November; S. 55 Birnbäume im Winter; S. 56 Nußbaum; S. 58, 60–62 Olivenbäume; S. 65–68 Eichen.

Quellennachweis

S. 13: Rose Ausländer, „Kreisen", aus *Im Aschenregen die Spur deines Namens,* Gedichte und Prosa 1976, © S. Fischer Verlag, Frankfurt am Main 1984. S. 27: Antoine de Saint-Exupéry, Ausschnitt aus „Einen Baum begreifen" aus *Die Stadt in der Wüste,* © Karl Rauch Verlag, Düsseldorf. S. 41: Ingeborg Bachmann, Ausschnitt aus „Nebelland", *Gesammelte Werke Bd. 1,* © R. Piper & Co. Verlag, München 1978. S. 57: Jan Schepens, aus „Der Abend und die Rose", © Josef Keller Verlag, Starnberg. S. 59: Erhart Kästner, „Ölbaum", aus *Ölberge, Weinberge,* © Insel Verlag, Frankfurt am Main 1974. S. 63: Ingeborg Bachmann, Ausschnitt aus „In Apulien", *Gesammelte Werke Bd. 1,* © R. Piper & Co. Verlag, München 1978. S. 69: Rose Ausländer, „Bäume", aus *Im Aschenregen die Spur deines Namens, Gedichte und Prosa 1976,* © S. Fischer Verlag, Frankfurt am Main 1984.

Fotonachweis

S. 35 Anna & Lubi Porizka, Freistadt; S. 37 Bruno Habicher, Innsbruck; S. 43–45 Achim Sperber, Hamburg; alle restlichen Bilder: Hella Pflanzer, Innsbruck.

Alle Bilder von Hella Pflanzer wurden mit Leica R4-Kameras
auf Kodachrome-Filmen aufgenommen.
Gestaltung des Schutzumschlages: Jochen Pabst

Druck- und Bindearbeiten: Carl Ueberreuter,
Druckerei Ges. m. b. H., 2100 Korneuburg
Farbreproduktionen: Ifolith, Fotolitho, Innsbruck
Printed in Austria
ISBN 3-7016-2243-4